空气污染

求生记

U0270803

图书在版编目 (CIP) 数据

空气污染求生记 / 韩国甜蜜工厂文 ; (韩) 韩贤东
图 ; 霍慧译 . -- 南昌 : 二十一世纪出版社集团,
2021.7
 (我的第一本科学漫画书 . 探险百科系列)
ISBN 978-7-5568-5853-8

Ⅰ . ①空… Ⅱ . ①韩… ②韩… ③霍… Ⅲ . ①空气污
染 – 污染防治 – 少儿读物 Ⅳ . ① X51-49

中国版本图书馆 CIP 数据核字 (2021) 第 092584 号

미세먼지에서 살아남기
Text Copyright © 2014 by Sweet Factory
Illustrations Copyright © 2014 by Han Hyun–dong
Simplified Chinese translation Copyright © 2021 by 21st Century Publishing House
This translation Copyright is arranged with Mirae N Co., Ltd. (I–seum)
All rights reserved.

版权合同登记号 14-2016-0214

我的第一本科学漫画书
探险百科系列·空气污染求生记　　[韩]甜蜜工厂/文　[韩]韩贤东/图　霍　慧/译
KONGQI WURAN QIUSHENGJI

出 版 人　刘凯军
责任编辑　李　树
美术编辑　陈思达
出版发行　二十一世纪出版社集团
　　　　　（江西省南昌市子安路 75 号　330025）
网　　　址　www.21cccc.com　cc21@163.net
承　　印　江西宏达彩印有限公司
开　　本　787mm×1092mm　1/16
印　　张　10.5
版　　次　2021 年 7 月第 1 版
印　　次　2023 年 6 月第 2 次印刷
印　　数　1~10000 册
书　　号　ISBN 978-7-5568-5853-8
定　　价　35.00 元

我的第一本科学漫画书·探险百科系列

空气污染求生记

[韩]甜蜜工厂/文　　[韩]韩贤东/图　　霍　慧/译

二十一世纪出版社集团
21st Century Publishing Group

　　悬浮颗粒物在很早以前就与人类共存，在人类生活中，不管是烧火做饭还是正常走动时，都会产生悬浮颗粒物。自然界也会产生许多悬浮颗粒物，如风化作用，火山爆发。夕阳西下时美丽的晚霞，云朵里的雪和雨，它们的形成都与悬浮颗粒物有关。

　　近年来，悬浮颗粒物成为令人头疼的难题。人类活动产生了更小、更危险的悬浮颗粒物：PM2.5。PM2.5主要来源于汽车尾气、建筑工地、发电站、工厂以及垃圾焚烧场，它的直径小于或等于2.5微米，还不及头发粗细的二十分之一，因此能畅通无阻地经过呼吸系统进入人体，引发疾病。如果长期持续地身处充满PM2.5的环境中，可能会引起气管炎和哮喘等呼吸疾病。

　　城市的发展很可能会加重空气污染，但人类的生存离不开空气，因此空气污染是人类无法回避的危机！本书中介绍了空气污染产生的原因，对人类的影响及治理的方法，让读者对空气污染有更深刻的认识。

　　凯恩要去法国参加学术研讨会，一心想要跟去的智伍和皮皮坐上了飞往法国的飞机！没想到一场意外的沙尘暴使飞机迫降在中东的一个陌生城市，一场灾难性的雾霾笼罩了那里。空气质量越来越差，医院里住满了深受空气污染侵害的患者，甚至连小鸟和昆虫也死了……

　　在这个雾霾严重到伸手不见五指的陌生城市，智伍一行人能顺利逃出吗？

作者 甜蜜工厂　韩贤东

所有人都需要空气，但很少有人真正了解空气。空气中的氧气是人类生存的必需品，空气中的有害物质不利于身体健康，毒气甚至会威胁生命。空气与人类命运息息相关。如今，不合理的人类活动破坏了环境，导致健康的空气越来越少，其价值也日益凸显：空气好的区域的住房更受欢迎；越来越多的人需要花钱去环境好的森林湖泊度假疗养，以呼吸健康空气……那么，什么是空气污染？空气污染对人类生活有何影响？如何避免受到空气污染的危害？关于这些知识，绝大多数人知之甚少。《空气污染求生记》这本书非常贴近生活，书中沙尘暴、雾霾、室内装修污染等空气质量问题是我们大多数人能够接触到的问题，因而这些问题的成因、危害、科学应对方法等知识，人人适用、终身受益。同时，漫画的形式让阅读和学习更加轻松，更符合少儿的阅读习惯。以主人公们遇险的经历贯穿知识点，主人公们利用这些知识闯关求生，在主人公们一次次脱险中加深了读者对这些知识点的印象，酣畅淋漓！而且这本书宣传爱护环境就是爱护人类自身的观念。沙尘暴、雾霾等空气污染很大程度上归因于人类破坏环境的行为，这些环保观念的宣传不论是对个人还是社会都非常重要。

　　"人以天地之气生，四时之法成"。健康人生始于认识空气，然后才能利用这些知识让生活更好！

中国气象科学研究院　赵瑞瑜博士

目　录

Survival from Fine Dust

出场人物

> 果然，这个城市不寻常！

智 伍

　　遇到事情总是"先行而后思"的莽撞少年！凯恩告诫智伍，去法国只是出差，千万不要跟来，但智伍充耳不闻，还是不管三七二十一地去了机场！

　　有智伍的地方自然是麻烦不断，在陌生的城市他们就遇到了危险的雾霾。幸好，他们曾帮助过的D博士起到了关键性作用！

> 要是不听我的，我就使劲抖衣服了！

皮 皮

　　长相可爱却爱"炫脏"的丛林女孩，会把诸如长尾猴的粪便在自己头发里住了一个多月的事情拿来炫耀！

　　因此在对灰尘过敏且有哮喘的D博士看来，皮皮就是"灰尘大集合""灰尘弹"！她住惯了空气清新的丛林，对有空气污染的城市环境很不适应！

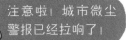

注意啦！城市微尘
警报已经拉响了！

D博士

　　矫健的身姿，扎着马尾的黄色头发，简直就是凯恩的翻版。但粗鲁的言语和不修边幅的外表跟凯恩截然不同。他是灰尘专家、发明家、医生，却遇到一点儿灰尘就大呼小叫、大惊失色！他之所以对灰尘如此过敏，据说是要追溯到祖父母时期的事情上了……

学术研讨会延期了！你们不会已经出发了吧？

凯　恩

　　能去法国巴黎参加医学研讨会对凯恩来说原本是好事，但智伍和皮皮要同行让他十分头疼。飞机起飞前突然得知研讨会延期，可偏偏又联系不上智伍和皮皮。总是被智伍带入险境的凯恩，这次能躲过危机吗？

第 1 章
寻找
凯恩

从这儿出发大概需要一个小时，来得及吧！

凯恩哥哥真的让咱们跟着去？

我求他带我去的时候他说不行！

当然了！凯恩哥逃不出我的手掌心，去不去不由他说了算，得听我的！

还不把我放下？

去什么去啊！

我是去参加医学研讨会，又不是去玩！

总不会把我们丢在机场不管吧？反正到了再说！

凯恩哥被我治得服服帖帖的，尽管放心跟我去！

不愧是智伍！

咳嗽

咳嗽

11

感冒了？

从来首尔的第一天开始，嗓子就又疼又痒的！

不过，看来不止我一人感冒了！

看！大家都戴着口罩，最近流感爆发了？

不是感冒，是因为PM2.5。

看那儿，PM2.5 指数125 微克*每立方米。

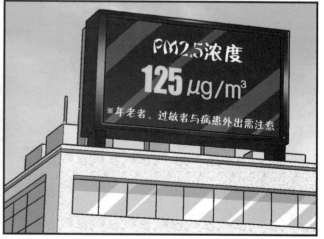

12

* 1μg（微克）=0.000001g(克)

这个浓度在空气污染等级中属于"中度污染"。建议最好不要外出！

PM2.5？是什么？居然还不能外出？

吭

……

一般灰尘
大部分会粘在鼻黏膜上。

细颗粒物（PM2.5）
能直闯肺部，引发疾病。

PM2.5是工厂和汽车排放的细颗粒物，比普通灰尘小很多，能避开鼻黏膜进入肺部，从而引发各种疾病。

咱们的鼻黏膜可以挡住灰尘，但挡不住PM2.5。

智伍，什么意思啊？

懂

其实我也不太懂。

既然是从鼻子进去的，那憋住气不就行了？

嘿嘿，能行吗？

转头

唉，白费口舌！

13

仁川国际机场

是呀！他在干什么呢？都不接电话。

咱们的入境手续都办完了！

凯恩哥哥怎么还不来？再不来飞机要起飞了。

忐忑不安

他会不会瞒着咱俩换了航班？

不会吧……

咦？

行李办理托运吗?

不用,带上飞机!

那是凯恩哥哥吧?

哪儿?

谢谢!

接过

哥!

唰

凯恩哥!

追

凯恩哥哥,我们在这儿!

左顾

右盼

是这里吧?

转头

哼，竟敢装作不认识我们!

皮皮，上!

好!

拍

悬浮颗粒物的来源

自然形成的悬浮颗粒物

自然界中的悬浮颗粒物主要来源于沙漠的沙土风化、火山爆发和森林火灾等自然现象。

其中，大部分悬浮颗粒物来自于沙漠。尤其是撒哈拉沙漠、阿拉伯半岛等地的大型沙漠地区。沙漠的沙粒碎裂后，较大的颗粒直接掉落地面，而细小的微粒则浮在空中，可随风飘移数千公里。沙尘的飘移虽然可能会引发沙尘暴，但沙粒中的镁、铁等成分却能给海洋浮游生物提供所需的无机盐。

火山活动也会产生悬浮颗粒物。火山爆发时产生的极小微尘被喷入平流层，随大气环流散布开来，进而引起全球气候的变化。火山爆发喷出大量火山灰，遮挡阳光，导致气温下降。而被喷入平流层的微尘由于长时间滞留，也会导致平均气温的下降。1815年印度尼西亚的坦博拉火山大爆发，导致次年美国和欧洲整个夏天都是霜雪天气，引起了大规模的灾荒。

沙粒风化形成的沙尘

火山喷发形成的火山灰

植物繁殖产生的花粉

人为制造的悬浮颗粒物

　　人类的日常生活会制造大量的悬浮颗粒物，如生火、耕作等。然而，随着时代的进步，除了这些简单的人为活动产生的悬浮颗粒外，发电站、工厂、家庭、汽车尾气、工地现场制造的悬浮颗粒占了很大比例。这些工厂或汽车排出的颗粒非常微小，尤其是直径小于或等于 10 微米的 PM10，以及直径小于或等于 2.5 微米的 PM2.5，可以顺利地通过人类的呼吸系统进入人体，危害人体健康，可能会增加患急性呼吸道疾病与心脑血管疾病的风险。此外，如果动物长期暴露在污染的空气中，会造成呼吸及中枢神经系统的异常；植物则会生斑点病或停止生长。

汽车尾气

施工现场制造的粉尘

发电站排出的烟尘

第 2 章
可疑的
灰尘专家

干什么呢，都不接电话？

刚接到法国那边的通知，研讨会推迟到下周了。你们不会已经去了吧？

收到信息速回电话！

他们不会真去了吧？

摁

阿嚏

您好，刚听说有一位叫凯恩的人，

给航空公司发了信息。

阿嚏

闪

他为什么不联系我却联系了航空公司？

转头

是和我长得很像的人吗？

你看看手机，是不是没接到电话？

阿嚏

转头

掏出

4个未接电话！

吃惊

未接电话

嗒
嗒
嗒

凯恩哥

嘀哩哩哩

您这是干什么?

戴

叔叔，你干吗?

别动!

嗯?

噼里啪啦

你……

怎么了?

25

你……来自丛林？

啊？

哇，您是怎么知道的？

你头发里有长尾猴的粪便。可以确定是一个多月前粘上的！

你裙子上有冰淇淋的蛋卷碎沫、胡椒粉、方便面汤渍、头皮屑，还有很多角质！此外，在你的指甲里还发现了鼻屎、辣椒粉和一小块苍蝇的翅膀。

你这种情况，都不能说是一坨灰尘，而是"灰尘大集合""灰尘弹"！

脏兮兮
脏兮兮
翻来翻去

哇，你是怎么知道这些的？

虽然知道她脏，但没想到这么脏！

戴上

哇哇哇哇

你在干什么?

我有严重的灰尘过敏!

你是说因为我,你会晕倒?

在这种"灰尘弹"的旁边,我会咳嗽、出疹子,最后昏厥!现在马上让她坐到别的位置去!

现在您的问题更严重!先摘下防毒面具!

宝宝,不哭。

哇哇哇哇

喊……

尴尬

摘下

叔叔，您是怎么知道我来自丛林的？您是侦探吗？

别靠过来！

我不是侦探，我是灰尘学家！

灰尘学家？就是研究一些灰啊、土啊的？

什么叫就研究一些灰啊、土啊？人类所有活动都会产生灰尘，因此灰尘是研究人类发展的重要证据！

转身

最近都通过研究宇宙尘埃揭秘宇宙历史了！

而且，以纳米为单位的微尘正在改写历史，甚至要人命……

哇！宇宙尘埃？这么说，你连宇宙都去过？

你……

拜托，离我远点！

裹起

啊？你说什么？

大惊！

靠近

呃！

石化

他好像真昏了！刚才说过敏来着……

捅捅

嗷

别演了！

叔叔演得好假！起来吧！

嗞嗞嗞嗞

这是！

快看外面!

噼里啪啦

是喀新风*带来的沙尘暴。

这么高的地方也有沙尘暴?

①尘埃随风飘移。

②沙粒随上升气流升空。

③沙子被风扬起。

中东地区沙漠多,所以沙尘也多。沙尘随风移动,当遇到受阳光强烈照射而产生的不稳定上升气流时,便会随之升入高空。喀新风会将沙尘吹到5000米的高空。

那怎么办?

应该可以安全着陆吧?

不好说,要看飞行时的能见度!能见度低的话,有可能会出事!

* 喀新风:每年从三月底到五月初从撒哈拉沙漠上吹往埃及的热南风。

33

滚滚黄沙

沙尘暴是什么?

在春季的某些地区,天空变得灰蒙蒙,车和房屋上都落了一层灰土,这是强风把地面大量沙尘物质吹起并卷入空中,飘散至数千米外导致的沙尘暴现象。

沙尘暴是很早以前就存在的天气现象,我国史书中有关于沙尘暴的记载:《诗经·邶风·终风》有"终风且霾"一句;《后汉书·郎顗(yí)传》有"时气错逆,霾雾蔽日"。除此之外,古籍也常把沙尘暴写成"黄雾""飞沙走石""黑气""土雨"等。《史记·项羽本纪》中记载:"大风从西北而起,折木发屋,扬沙石,窈冥昼晦,楚军大乱。"说的也是沙尘暴来临的情形。那么沙尘暴在其他国家的名称是什么呢?在日本叫こうさ,为空气中飘浮的尘埃之意;在韩国叫黄沙;英文为"sandstorm",沙子风暴的意思。

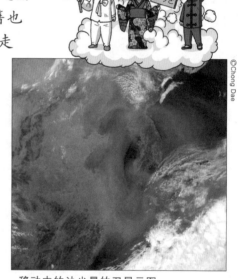

移动中的沙尘暴的卫星云图

沙尘暴是如何产生的?

当沙粒的大小与风、太阳、气温等环境条件相互配合时,会形成沙尘暴。当强风肆虐黄土和黄沙堆积的黄土地带时,沙土被卷扬,干燥的会继续向上飘散,这时如果受到阳光强烈照射,地表温度上升,沙尘便会随上升气流飘入更高的地方。

较大的沙粒会回落地面，但微小的尘埃能抵达大气顶层，最后遇到下沉气流形成沙尘暴。沙尘暴多发于冻土初化的春季，而夏、秋两季茂盛的植被可以防沙，减少了沙尘暴发生的概率。

沙尘暴的危害

①沙尘暴可诱发呼吸系统疾病，引起过敏、眼疾、皮炎等。尤其是哮喘患者更容易发作。

②受工业发展的影响，沙尘暴里含有镉、钠、铝、铜等多种重金属，以及细菌、霉菌等，容易引起人类和动物的疾病。

③沙尘暴会导致半导体等精密仪器发生故障。沙尘暴严重时，半导体的不合格率是平时的数倍。

④沙尘暴会阻断阳光，使能见度降低，因此可能会导致航空事故；也可能损坏飞机引擎，导致故障。

第3章
奇怪的飞弹

怎么突然抖得这么厉害？

我怎么知道！

智伍，你看窗外……

咱们完全进入沙尘暴中了！

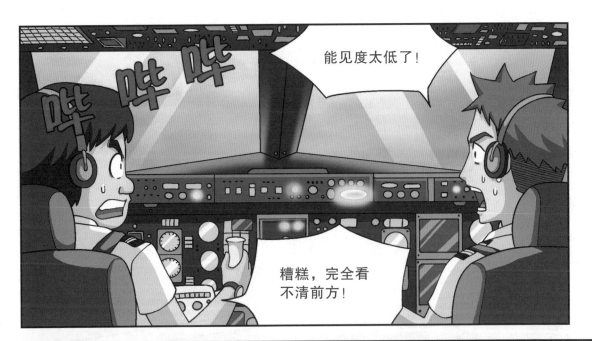

41

咻 呼 呼 呼

好像安全着陆了！

哎呦，还好，活下来了！

叔叔，起来吧，没事了！

是吗？

怎么会这样，真就到了那个地方！

哪个地方？

由于天气原因，未来几天飞机将停飞……

怎么能把乘客随便扔下不管呢？

就是！这里是出了名的沙尘暴地区，咱们得赶紧去找住的地方！据说附近就有大城市。

咱们怎么办？

唔……

我有个好主意！

叔叔！

回头

卖萌

闪闪
闪闪

吓

你们要干吗？

叔叔，您有何打算？

听说附近有城区，您去那里吗？

关你们什么事？不会是想跟我同行吧？

我不去那儿！我去的地方有一个小时的车程呢！

身为一个身经百战的人，我劝你们一句！

哪儿都别去，就在机场等着！一恢复航运，马上回首尔去！

一直在这儿等？为什么？

要停运好几天呢！

不仅是沙尘暴的问题！

你们现在想去的那个地方是全球有名的空气污染城市！

我以前偶然到过那里，差点命丧黄泉！

污染能让人命丧黄泉？

别信，他夸大其词呢！刚才不就还没怎样就装晕来着么！

喂，我全听见了好吗？

嘀嘀咕咕

哎，不管了，你们随便吧！

？

搔头

我要走了！

一分一秒都不想待在这里！

挠挠

瞪眼

还有，我再说一遍，千万别跟着我！

……

就待在机场？他这是事不关己，站着说话不腰疼！

是不是，皮皮？

咳嗽

咳嗽

皮皮？你怎么了？

你好像发烧了！

一会儿应该就会好了。

不能拖着！走，去医院！

拉

说是坐车 10 分钟就能到医院！

还挺近。

嗯，沿这条路走 100 米就是车站……

!!!

咳嗽
咳嗽

唉，什么都看不见！

左看看　右看看

沙尘暴刚才不是过去了吗？

这不是沙尘暴，是雾！

到底是怎么回事？

还是先去坐车吧！

这边……

皮皮！

皮皮？！

左顾右盼

你在哪儿？

唉，完全看不见！

智伍！

皮皮！

这到底是什么东西？竟然有些辣眼！

啪啪啪啪

啊！那是……

沙尘暴的应对方法

在沙尘暴多发的春季，可以通过电视、网络、广播等关注天气预报，对沙尘暴做好预防。如有沙尘警报，老人、儿童以及有呼吸道疾病的患者应减少户外活动，家中最好配置空气净化器和加湿器。那么，沙尘暴来袭，应该如何防护呢？

沙尘暴发生时的应对

❶ 减少外出，尽量不要开窗换气。

❷ 尽量减少室内空气污染，配置空气净化器或放置净化空气的植物，清扫室内灰尘。

❸ 外出要戴防尘口罩，穿长袖衣物保护皮肤。

❹ 眼睛是暴露的部位，因此最好不要戴隐形眼镜，而是戴一般眼镜或墨镜。

❺ 眼里进了沙尘不要揉，用水洗或用干净的毛巾擦拭。

❻ 外出回家后，穿的衣服要及时清洗，并洗澡，同时清理耳朵和鼻子里的灰尘。

❼ 海鲜和蔬菜等容易被沙尘污染，要洗干净再食用。

❽ 多喝水以保护呼吸道，并多吃高纤维的杂粮、水果和蔬菜促进肠道蠕动，有助于将体内的沙尘排出体外。

❾ 路边摊容易沾染沙尘，最好不要食用。

❿ 为避免二次污染，做饭之前要把手洗干净。

防尘口罩的原理和使用方法

　　防尘口罩与一般的口罩不同，是专门为了隔断沙尘制作的特殊口罩。口罩内有纤维紧密编织的滤网过滤悬浮微粒，而带有静电的特殊纤维，能吸附微小的灰尘。此外还应注意：如果防尘口罩表面变形，阻尘功能可能下降；清洗口罩可能会损坏过滤器导致灰尘吸附力降低；儿童的脸小，因此给孩子戴口罩时应贴紧面部。

· 折叠式防尘口罩的使用方法

❶ 抓住口罩两端撑开。

❷ 有鼻夹的部分是口罩上方。用口罩遮住口鼻。

❸ 将耳带挂于耳后或系于脑后。

❹ 调整鼻夹，使口罩紧贴鼻翼。

❺ 双手轻按口罩，使口罩紧贴脸颊。

防尘口罩佩戴完毕！

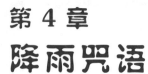

第4章
降雨咒语

哔哩啪啦

看来问题很严重啊，都启动人工降雨了！

可人工降雨也会带来很多危害。

轰

嗯？

吓

嗷！

急刹车

55

呜呜……

查看

皮皮,你睁开眼好不好?求求你睁睁眼……

哭

别哭了,吵得我没法集中精力给她检查了!

还有,我再说一遍!她不是被我车撞的!

还没碰到我的车,她就自己晕倒了!

鬼才信你的话!

汗

再说了,你又不是医生!赶紧去医院!

少安毋躁！她从首尔就开始咳嗽了吧？

是，是的！

有点感冒……

不是感冒，是因为空气污染。在丛林生活的人对空气尤为敏感。

所以我说什么来着？让你们在机场待着别走！

所以说，皮皮是因为空气污染而晕倒的？

没错！你以为这是雾，其实是雾霾！

雾……霾？

当空气中的水汽较多时，近地层空气中的水汽会凝结成雾。

而雾霾是一种大气污染状态。雾霾主要由二氧化硫、氮氧化物和细颗粒物组成。汽车尾气和工厂废气是形成雾霾的主要来源。

与雾霾类似，但是更可怕的是光化学烟雾，1943 年洛杉矶烟雾事件导致了很多人死亡。

光化学烟雾

形成臭氧＋挥发性有机物

阳光

工厂废气和汽车尾气

光化学烟雾原理

1952 年，伦敦发生的大规模雾霾，3 周内造成 4000 多人死亡。

伦敦的雾霾是因为工厂和家用煤炭的使用量增加，排放出大量细颗粒污染物所致。

多数人不知道细颗粒物的危险，仅在德国，死于空气污染引发疾病的人数比交通事故致死的人数高出好多倍。

也就是说……皮皮可能会有生命危险？

睁开

啊！皮皮！

这是哪儿？

左看看

右看看

你没事吧？

不用担心，她就是有点气管炎。我还没听说过有人会因气管炎毙命的。

啊！

跳起

叔叔，这是您的车吧？

我们可以跟着您了？

飞扬

坐土

呃，好多灰！

你身体没事吧？晕了好久呢！

是吗？

没什么事儿啊！为什么晕那么久呢？

呼扇

点点

嗯？

指

这是什么意思？

耸肩摇头

打字

马上下车！

下车？为什么？

按按按

车内空气被严重污染了！都是因为你这个灰尘弹！

您忘了皮皮刚才晕倒了？她现在是病人！

事已至此，就把我们送到市区好不好？

碰

不带我们的话，我就拼命抖衣服了！

抖抖

别别！

好好好……但有个条件！

在无尘室，必须穿戴口罩、帽子、手套和特殊工作服，避免身上的皮屑和灰尘掉落。

像半导体那种敏感仪器，很有可能会因为一粒尘埃而不合格。

呃，捂得难受！

灰尘弹，你要是敢伸出来一个手指头，就马上下车！

我要是因为打喷嚏出了交通事故，你能负责吗？

蠕动

蠕动

皮皮，先按他说的做，忍一忍！

呃，我不！

要忍到什么时候？

扭来

扭去

嘀

嘀

嘀

天哪！前面什么都看不清楚！

车就像蜗牛爬一样！这什么时候才能到啊……

我什么时候能脱掉这个？

真想撕碎它！

沙沙

沙沙

再忍忍！雾霾散去的话马上就能通车。

什么时候能散呀？下点儿雨的话还有可能！

哈，雨！对呀，是时候该下雨了！

这车的雨刮器好使吗？

嗒

为什么突然打开雨刮器？

这声音是？

乌云密布

64

哗哗哗哗

我的天呐！
真下雨了！

叔叔，您是怎么知道的？真的下雨了耶！

刚才没看见发射人工降雨火箭吗？

那个真是火箭啊？

人工降雨是指干旱严重时的人为降雨吧？

对！利用飞机和火箭在空中进行播云作业的人为降雨技术！

最近为了控制大气污染，清除空中浮尘，人工降雨的次数大大增加了。

①利用飞机和导弹向云里播撒碘化银等催化剂。

②碘化银是良好的凝结核，周围的水滴可以吸附在其上凝结成冰晶。

③冰晶降落的过程中融化成水滴，形成降雨。

那空气污染严重时只要人工降雨就行了呗！

没有那么简单！

过度人工降雨会引发周边地区的沙漠化现象。而且碘化银也是有毒物质，会危害人体健康。

不行！把云都带走了我们怎么办？

说的也是，人为地改变自然现象必然会出问题的！

快看！雾霾散开了！

哇，这个城市这么大啊？

好多高楼大厦！

大有什么用？还不是个被雾霾笼罩的污染城市！

哼！

啊？什么意思啊？

雾霾不是散去了吗？难道问题还没解决？

光靠人工降雨是不能治理空气污染的！

啊？怎么讲？

刹车

到了！

开门

下车！该做的我都做了！

叔叔，谢谢您！下次……

啊，闪电！

等等！
打雷？

怎么了？

闪电过后 30 秒内打雷的话，很可能会有落雷！

这个还不到 10 秒，表示这里很危险！

快躲起来！

真的吗？

叔叔，趁打雷之前赶紧进来！

！！

笼罩城市的杀人烟雾——雾霾

雾霾一词的英文"smog"由烟雾（smoke）和霾（frog）组成，这是因为1911年英国伦敦的天空被浓烟和大雾的混合物笼罩变成灰蒙一片，由此而出现的新词。雾霾是一种空气污染现象，会对人类造成危害。同时，还有比雾霾更严重的"光化学烟雾"。

伦敦型雾霾

©N T Stobbs

当时纳尔逊纪念碑前的实景 雾霾最严重的时候连自己的手脚都看不见。

20世纪50年代工业革命以后，在工业发达的英国伦敦，工厂和家庭对煤炭的使用量急剧增加，煤炭燃烧产生大量的污染物质排放到大气中。1952年的冬天，大气处于稳定状态，加之无风，污染物在大气中无法扩散，与伦敦的烟雾混合形成了有毒的硫酸雾，造成一周之内因窒息或呼吸困难而死亡的人数多达1850名的悲剧。最后，伦敦200万人口中有12000余名因此丧命。此后，因煤炭燃烧排放的污染物引起的雾霾被称为"伦敦型雾霾"。

洛杉矶光化学烟雾

20世纪初期，美国的洛杉矶市迅速崛起，汽车数量的剧增导致排放出大量的尾气。汽车尾气与阳光中的紫外线发生化学反应，形成臭氧、PAN*、醛等对人体有害的污染物，导致许多人出现眼睛痛、呼吸困难等症状，甚至死亡。这种汽车尾气中的氮氧化物和碳氢化合物受紫外线照射生成淡蓝色烟雾的现象被称为"洛杉矶光化学烟雾"。

*PNA：过氧乙酰硝酸酯。

人为制造的雨水——人工降雨

提到人工降雨，大多数人一般想到的是在万里无云的晴天让雨降落，但以目前的科学技术还无法做到。现阶段人类能做到的是对可能会降雨的云利用人为的力量提高降雨概率。下面我们对人工降雨进行进一步的了解吧！

什么是人工降雨？

向云中播撒催化剂使水蒸气凝结形成大水滴或冰晶，进而下降至地表形成降雨，这就是人工降雨技术。人工降雨时可以用飞机装载碘化银飞至2~8千米的高空，直接向云中播撒；或者利用炮弹式火箭将催化剂发射进云里。

增雨火箭发射 中国发射增雨火箭的图片。

人工降雨的缺点

人工降雨可以改善空气污染程度，解决地区的干旱和沙漠化问题，但仍会带来一些不良影响。首先，目前没有足够的研究证明，人工降雨中使用的降雨剂不会对环境造成影响。此外，人工降雨可能会引发局部地区暴雨，或使气候更加恶化，进而影响对气候变化反应敏感的动植物。

干旱问题是解决了，但又下起了暴雨……

第5章
防止污染的方法

你俩就是我的救命恩人！幸亏有你俩我才活过来了！

呃啊！好肉麻！

阿……

呼扇呼扇

堵撵

呃，真恶心！

好吧，既然你们救了我，就由我来保护你们，一起同行吧！

啊？

你们这是什么反应？到底要不要一起走？趁我改变主意之前赶紧决定！

当然好了！

早说嘛！从现在开始别再叫我叔叔了，叫我 D 博士！

哈哈哈哈！怎么起个这名字？

哈哈哈

D.U.S.T！"灰尘"的意思，懂吗？

现在雨也差不多停了……

先去找住处吧！

嗡 嗡

好！

到了！下车前先戴好这个！

还有我们的口罩？

一般的口罩无法过滤细小的微粒，必须要戴专业的防尘口罩。

知道怎么戴吧？将口罩遮好口鼻，把两边的带子挂于耳后，

调整鼻夹紧贴鼻子。不难吧？

在这个城市，口罩是必需品，一定不能忘戴！

尽管有点憋闷，但进房间之前不能摘。

好的，知道了。

啊？

下车

阴森森

飕飕飕

最便宜旅店

这就是这个城市最安全的旅店！

吱扭

提供住宿
价格低廉

吱扭

不是最安全，而是最便宜……

阴森 灰暗

光鲜

亮丽

HOTEL

便宜旅店

要不咱们去那儿住吧？

你没听说过"新居综合征"吗？新建不久的楼房，建筑材料里不仅有甲醛、甲苯等多种致癌物，还有氡气、石棉、一氧化碳等有害物质。所以，超过十年的老房子才安全。

推开

77

有房间吗?

二楼最里面的房间。

看来今晚真的要睡这儿了。

嘎吱

嘎吱

我看这房子不止10年,感觉足有100年了!

忽暗

忽明

嘟嘟

嚷嚷

阴森森的,像进了鬼屋。

呃啊，有东西抓住了我的脚。

撕裂

唉……

被钉子挂一下而已，看把你吓得……

钉子也好，鬼也罢，这里让我不爽！去别处住吧！

不行！我不是说了么，别的地方不安全！

哎哟，我会告诉你为什么这里安全，你听好了！

我都差点摔了，安全什么呀？

这个城市充满大量的悬浮颗粒物，主要污染源就是汽车。随着城市的发展，车辆增加，汽车尾气的排放量越来越大。因此不能选择路边的旅店。

都是借口。交通便利的酒店都贵，所以才不去的。

原来如此，所以才找僻静的地方……

第二个污染源是大面积的公寓和购物中心的施工工地。工地的空气污染程度是普通住宅区的7倍。因此不能住在施工现场方圆1000米以内。

不过，最需要避开的污染源……

就是工业区！

啊？工厂不都建在离市区很远的地方吗？

这就是悬浮颗粒物恐怖的地方。如果风从工厂那边吹来，这些细小的颗粒会随风飘散。颗粒越小，飘得越远。这间旅店远离了这所有的污染源，所以很安全。

听您这么一说，这里还真是最好的选择。

小屁孩疑心还挺重！

虽然有点怀疑，不过先这样吧！

当然是为了省钱，否则怎么会来这种旅店！

真不该邀请他们同行！弄得要这么绞尽脑汁地想办法省钱！

咔嗒

唉，好累！真是晕头转向的一天啊！

我也是，感觉一躺下就能睡着！

抓住

嗯？

你想去哪儿？

灰尘弹！趁我生气之前，赶紧去浴室！

拎

啥？

呸，全是灰！

不去，不去！

扑腾
扑腾

稍等！

抛

咻

站那儿别动！

干……干什么？我一会儿就洗！

我要出去！

推

你俩不洗干净别想出来！

挤

先用生理盐水清洗鼻腔。然后洗澡，身上穿的衣服也要洗！

噗呜呜

我最讨厌洗澡!

这是讨不讨厌的问题吗?从外面带回来的灰尘不该洗净吗?

知道了!别再唠叨了!

洗完了我要检查的!擦干净!

趁他们洗的时候打扫一下卫生吧!

地毯有许多灰尘和螨虫,收起来!

打开加湿器提高空气湿度,悬浮微粒就不会四处飘散,接着用抹布擦拭所有物品。

使用天然气的话,会释放有害物质,所以改用电磁炉。

怎么样？这样可以多住几天了吧？

喊，还说是专家呢，连打扫卫生最基本的都不知道！

推开

啪啊

打扫卫生最基本的就是先开窗！

哐

你干什么呀！

傍晚时，下班来往的车辆增多，悬浮颗粒物的浓度也会增加。你不知道吗？

开窗换气的最佳时间在正午12点至下午5点之间！

吱

水汽

看不见的敌人——悬浮颗粒物

什么是悬浮颗粒物？

悬浮颗粒物（Particle Matter）简称PM，是空气中悬浮着的直径为0.05~100微米的固态颗粒物，由自然以及人为原因产生。人为产生的悬浮颗粒含有汽车、发电厂、工厂等排放出的镉、镍、铬、汞等许多有害重金属。悬浮颗粒物的大小有别，有直径小于或等于10微米（1微米=1/1000毫米）的PM10，也有直径小于或等于2.5微米的PM2.5(细颗粒物)。颗粒越小，越容易吸附重金属等有毒物质，也越容易通过呼吸系统进入人体，危害人体健康。

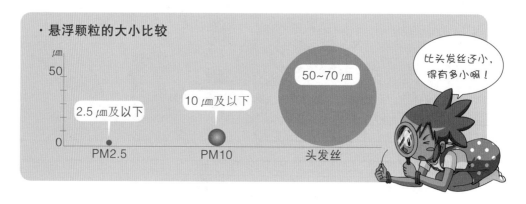

· 悬浮颗粒的大小比较

50~70 μm

10 μm及以下

2.5 μm及以下

PM2.5　　　PM10　　　头发丝

比头发丝还小，得有多小啊！

PM2.5和沙尘暴的区别

沙尘暴和PM2.5都会造成空气污染，影响人类呼吸系统的健康。二者的产生原因以及对人体的影响程度都不一样。沙尘暴是指强风把地面大量沙尘物吹起并卷入空中，使空气特别混浊，水平能见度小于1000米的严重风沙天气现象；PM2.5大部分是由汽车、工厂和家庭等人为排放的污染物质。沙尘暴多发于春季且只发生在部分地区，而PM2.5不分季节，在世界的任何地方都有可能存在。PM2.5比沙尘小很多，能够直接侵入人体，危害更大。

室内空气污染与悬浮颗粒物

悬浮颗粒物威胁着人类的健康，如果不出门是不是就安全了？室外的悬浮颗粒物可以通过门窗以及各种缝隙进入室内，也会附着在人体或衣服上被携带进室内，因此即便是待在室内也不是绝对安全的。不仅如此，室内也会产生室内悬浮颗粒物，如吸烟、厨房燃气等。此外，绝热材料等建材生成的悬浮颗粒物也不容忽视。

室内污染严重的话会导致浑身无力和头痛等疾病。若想减少室内空气污染，进家门前应掸去衣服和鞋上的灰尘，回家立即洗澡，家里最好不要铺地毯，以免尘土堆积，并常用湿抹布擦拭家里的灰尘，灰尘也容易附着在墙壁、天花板、家具以及家电上，因此不光要擦地板，墙壁、窗户、家电等各个角落都要仔细擦拭。

· 预防室内空气污染的生活守则

外出回家时，掸灰并洗澡

不要在沙发或地毯上蹦跳

家具和家电要擦拭干净

第 6 章
飞蛾的警告

叔叔，起床了！

89

可我想出去……

你看外面那么多人。

应该可以外出吧?

还真是!

是因为昨天的人工降雨吗?

是呀,晨练的人还不少呢!

今天再看，这个城市没什么特别的！

整体感觉比较昏暗……

饿得都前胸贴后背了。

咕噜噜噜

皮皮，我们去买面包吧！

好！

哒哒哒

扑棱

扑棱

左顾右盼

这里，找到了！

BREAD

惊

堆积如山

吃饱了才觉得活过来了！

那是，不看你吃了多少！

呀！

旅店在哪边？

你不知道？

怎么办？来的路上没留意方向！

我，我也是。那你记得旅店名吗？

偏偏这种时候还没带手机……

左顾右盼

嘀哩哩哩

凯恩哥

接

喂？

喂？智伍，你现在到底在哪儿？

这正是我想问的！

一觉醒来，他俩就不见了！

什，什么？你是谁？绑匪吗？

什么？你居然说我是绑匪？

算了！没什么事就挂了！

喂？喂？

他俩到底去哪儿了？

应该不会走远吧？

唰

PM2.5浓度逐渐增加

尽管昨日的人工降雨使PM2.5指数暂时降低，但从今天下午开始，预计空气质量等级将重回"重度污染"。

我要疯了！

抓狂

对面马路是不是有点眼熟?

好像是刚才来的路。

不知道! 都是一样的马路!

挠挠

怎么从刚才开始一直痒呢?

掉

万分紧张

呃啊啊啊! 什么呀?

蛾，蛾子……

掉落

咦？这也有一只！

掉

不止一两只，全是
死蛾子……

天哪！

散

落

到底是怎么回事?

嗯?

战栗

你看上面!

灰

!!!

果然是个不寻常的城市!

嘭里啪啦

掉落

嘭里啪啦

哒哒哒

我有种不祥的预感!先找个地方躲躲!

智伍,那边!

左看看 右看看

叔叔!

我们在这儿!

你俩!

叔叔!

捶

捶

呃啊啊!

我说什么
来着?

最便宜旅舍

99

我们看到外面有很多人，以为没事呢！

不过我们都戴口罩了！

哼

摘下

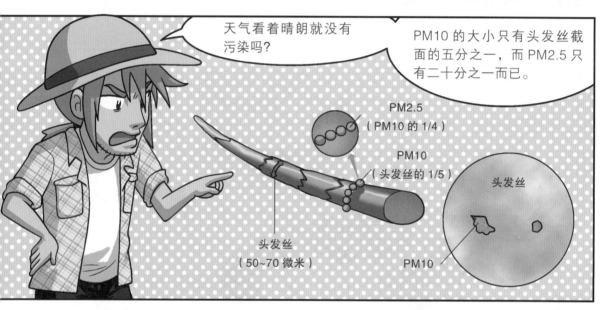

天气看着晴朗就没有污染吗？

PM10 的大小只有头发丝截面的五分之一，而 PM2.5 只有二十分之一而已。

PM2.5
（PM10 的 1/4）

PM10
（头发丝的 1/5）

头发丝

头发丝
（50~70 微米）

PM10

你觉得一个口罩就能完全防尘？

知道了，别生气了……

刷啦刷啦

皮皮？

浑身没劲

挠挠挠挠

必须小心！现在城市已经发布空气污染警报了！人工降雨后的第二天还这样的话……

没事吧？

这个城市今后可怎么办呀……

嗯，没事……

你先摘了口罩吧！

气喘
气喘

摘

气喘

气喘

脸这么红！又发烧了！

什么?!

发烧了？难怪觉得热……

摇摇晃晃

101

都烧成这样了，你是怎么坚持到现在的？是不是傻？

以后再骂吧！先帮忙扶住皮皮！

急救中心

?!

悬浮颗粒物引发的疾病

悬浮颗粒因为不易被察觉，很容易被忽视，但其进入人体后会严重影响人体健康。

呼吸器官疾病

悬浮颗粒物会致使鼻黏膜发炎，引发过敏性鼻炎，直接进入肺泡会诱发哮喘，如果在肺组织里滋生了细菌活动，会引发支气管炎或肺炎。

眼疾

悬浮颗粒物本身就会刺激眼球，若其表面附有重金属或有害气体，就可能引起结膜炎或角膜炎等眼疾。如果眼睛发炎，会出现刺痒、充血等症状。

皮肤病

悬浮颗粒物堵塞毛孔会引发炎症。悬浮颗粒物还会导致过敏性皮炎加重，皮肤瘙痒，痤疮加重。

· 悬浮颗粒对人体的危害

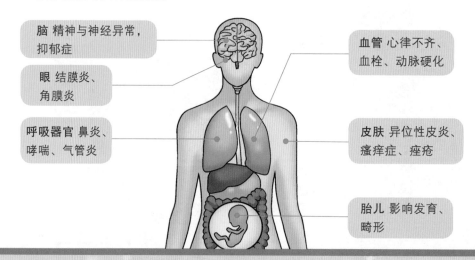

脑 精神与神经异常，抑郁症

眼 结膜炎、角膜炎

呼吸器官 鼻炎、哮喘、气管炎

血管 心律不齐、血栓、动脉硬化

皮肤 异位性皮炎、瘙痒症、痤疮

胎儿 影响发育、畸形

脑

如果悬浮颗粒物侵入脑神经，会对脑细胞造成损害，导致出现认知能力下降、眩晕、头疼等症状。长期生活在悬浮颗粒物浓度高的地区的人，其认知功能会退化，血清素分泌会减少，从而导致易怒、暴躁等情绪问题，甚至引发抑郁症。

血管

较小的悬浮颗粒物如果进入血管，会沿血管到达全身，引发血管壁炎症，导致心律不齐、动脉硬化等心血管疾病。

胎儿

如果悬浮颗粒物通过母体进入胎盘，会阻碍胎儿氧气和营养的供给，影响胎儿大脑发育，使胎儿身体生长受阻，增加低体重儿的出生概率。此外，怀孕4~9个月的孕妇如果吸入过多悬浮颗粒物，会危害胎儿生命。

与悬浮颗粒物斗争的人体！

原始人类居住在山洞里，生活中有无数悬浮颗粒物，如生活产生的烟灰、花粉、沙砾等。为了阻挡空气中的有害物质，人体的呼吸器官发展出特殊的构造。鼻子中的鼻毛可以吸附大颗粒灰尘，鼻腔和咽喉有数十万根纤毛，它们不停蠕动可以将异物排出。最后没被鼻毛和支气管纤毛过滤的悬浮颗粒，会在肺里被少量黏液溶解。但如果悬浮颗粒吸入过多，则肺黏液会分泌过多，影响氧气吸入，会导致呼吸困难，形成慢性支气管炎。

呃，鼻毛！

鼻毛可是对抗灰尘的第一道防护！

第7章
城市上空的警报

你说这全是因为悬浮颗粒物？

病人大部分是患有呼吸疾病的儿童和老人。肯定是悬浮颗粒物引起的！

看吧！我就说在这个城市要时刻小心！

哎哟，又啰嗦！

耳朵都长茧了！

你倒是真听进去呀！

皮皮，没事吧？

咳咳咳咳

喂，有没有人可以帮忙？

咳嗽

咳咳咳咳

急匆匆

这位患者有多年病史！

对！呼吸很不稳定！

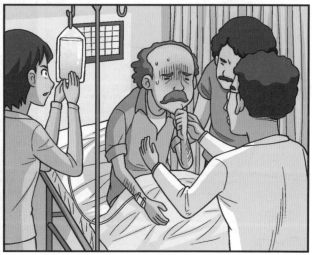

护士，麻烦你过来看一下这个病人！

嗯？

必须先诊治急救患者！稍等！

那要等多久？

不好说，1个小时左右吧！

转身

什么？不行！

这个也很严重！

先坐那边吧！

所以才说悬浮颗粒杀人于无形啊！它们悄无声息地在体内累积，然后某天突然暴发！

情况越来越差了。早上还好好的……

在体内累积？

咳咳

一层层堆积

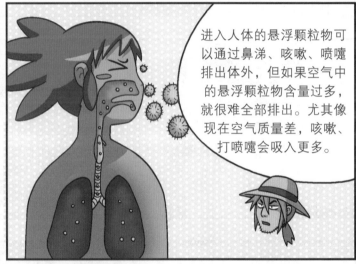

进入人体的悬浮颗粒物可以通过鼻涕、咳嗽、喷嚏排出体外，但如果空气中的悬浮颗粒物含量过多，就很难全部排出。尤其像现在空气质量差，咳嗽、打喷嚏会吸入更多。

所以皮皮的状态才越来越差啊！

啊……

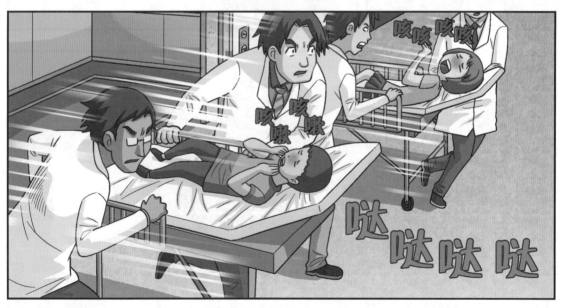

111

唔……

嗓子发炎很严重……

差点就发展成哮喘或肺炎了！

抽出鼻涕

还好，烧退了不少……

你看好她，多喂些水！

水？

呼吸道的黏膜保持湿润的话，可以缓解咳嗽，一部分悬浮颗粒也可以随黏液排出体外。

是，知道了！

点头

大部分患者是患支气管炎的儿童和肺气肿的老人，要不我们分成专组医治？

孕妇如果暴露在充满悬浮颗粒物的环境中，可能会导致流产或生产出低体重儿，所以需要特别看护。

有心脏疾病和老年痴呆的患者也需要留心观察。

鼻炎和异位性皮炎不严重者，不用占用病房，可以先在休息室候诊。

叔叔看起来很忙……

有了！

哇，瞬间就干净多了！

喇 喇 喇啦

这没什么！

你怎么一直挠胳膊？

挠挠挠

让我看看！

看我干什么？赶快去看病人！

挠挠

怒

少废话，快让我看看！

抓

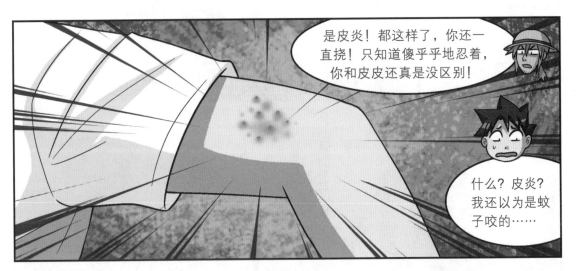

是皮炎！都这样了，你还一直挠！只知道傻乎乎地忍着，你和皮皮还真是没区别！

什么？皮炎？我还以为是蚊子咬的……

悬浮颗粒中的有毒物质进入皮肤或眼睛的话，就会引起发炎！

掰开

呃！

不及时处理的话，会发展成急性皮炎、干眼症。

什么呀，更痒了！

你真的是医生吗？医师证是伪造的吧？

别叫了，忍忍！

揉眼

挠挠

还有，既然这么有心，把其他病房也一起打扫了吧！

我现在不是病了么？我需要休息！

拖拖

117

呼，累死了！觉也没睡好，光给医院打扫卫生了！

伸懒腰

咕噜噜～

你知足吧！我一天都没合眼！

我好饿……

这里没有炸鸡店吗？

咕噜噜

你是真的身体不舒服吗？

哦？

抬头

现在几点了？

下午四点左右，怎么了？

你们看！

指

太阳看起来像月亮……

恐惧

这个声音是……？

嗡嗳嗳嗳嗳

细颗粒物（PM2.5）浓度和空气质量指数

细颗粒物（PM2.5）浓度标准

PM2.5 指的是直径小于或等于 2.5 微米的细颗粒物。 PM2.5 浓度指的是空气中该物质的含量。PM2.5 的浓度值以每立方米的微克值来表示，如 10 微克每立方米的 PM2.5 浓度值为 10。世界卫生组织 (WHO) 认为，PM2.5 小于 10 是安全值。在中国，24 小时中，PM2.5 平均浓度小于 75 微克每立方米时，空气质量为达标。

我国环境空气 PM2.5 浓度标准分为优、良、轻度污染、中度污染、重度污染、严重污染。当 PM2.5 浓度为中度污染时，一般人群要适量减少室外活动，老人、儿童以及患有呼吸系统疾病和心脏疾患的人群尽量不要外出；当 PM2.5 浓度为重度污染时，一般人群减少室外活动，老人和

韩国首尔的空气污染情况 PM2.5浓度为中度污染时，天空灰蒙蒙的景象

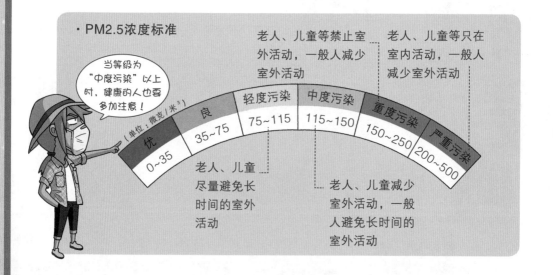

· PM2.5浓度标准

当等级为"中度污染"以上时，健康的人也要多加注意！

（单位：微克/米³）

老人、儿童等禁止室外活动，一般人减少室外活动

老人、儿童等只在室内活动，一般人减少室外活动

优	良	轻度污染	中度污染	重度污染	严重污染
0~35	35~75	75~115	115~150	150~250	200~500

老人、儿童尽量避免长时间的室外活动

老人、儿童减少室外活动，一般人避免长时间的室外活动

儿童患者应停留在室内，当 PM2.5 浓度为严重污染时，老人儿童和患者严禁室外活动，一般人减少室外活动。

空气质量指数

空气质量指数（Air Quality Index）简称 AQI，是定量描述空气质量状况的指数，其数值越大说明空气污染状况越严重，对人体健康的危害也就越大。参与空气质量评价的主要标准为细悬浮颗粒物浓度标准，对应优～严重污染依次分为一级、二级、三级、四级、五级、六级。

掌握空气污染的讯息

我们在进行室外活动之前，应留意关注空气污染的情况。在我国的中华人民共和国中央人民政府网（www.gov.cn）上可以查询生态环境部公布的城市实时空气质量日报，只要输入城市名称和时间段，即可了解当地空气质量情况。近年来，智能手机 APP 或微信小程序也能进行相关咨询。

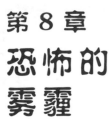

第 8 章
恐怖的雾霾

嗡 嗖 嗖 嗖 嗖

这是什么声音?

市民们，请注意！现在发布空气污染警报！请马上进入室内躲避！

!!!

躲避?

这么严重?

已经不是限制室外活动了，是让大家躲避！

现在已经是灾难了！

迅速

那还磨蹭什么！咱们也赶紧撤！

哒哒哒哒

竟突然变得这么严重……

唯

嗯

开

嗒嗒嗒嗒

现在整座城市都被高浓度的雾霾笼罩！

越来越浓的雾霾导致交通事故频发，市民们惊慌失措，四处乱跑。市内多地区出现了鸟和昆虫成群死亡的景象。

我们也看到过死蛾子！

是的，飞蛾成群跌落地面！

空气太差的话，小型动植物会最先开始死亡。

应该从几天前就有预兆了。

逆温现象导致的空气流动减少是造成此次雾霾的原因。

逆温现象？

什么意思啊，叔叔？

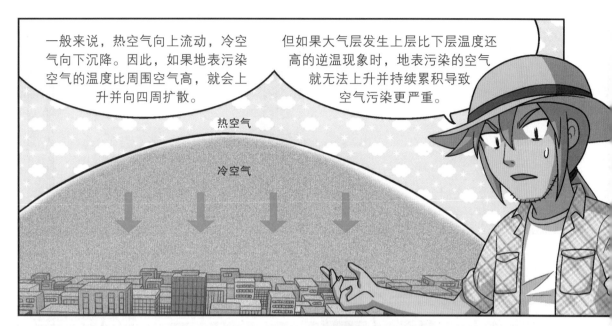

一般来说，热空气向上流动，冷空气向下沉降。因此，如果地表污染空气的温度比周围空气高，就会上升并向四周扩散。

但如果大气层发生上层比下层温度还高的逆温现象时，地表污染的空气就无法上升并持续累积导致空气污染更严重。

热空气

冷空气

不是可以人工降雨吗？ 下雨不就好了吗？

话虽如此……

就知道是这样！这么严重的情况下不人工降雨，必然是有原因的。

此外，积雨云数量不足，无法人工降雨。

那现在就没有任何办法了吗？

……

阿嚏！

咳咳
咳咳

阿
阿嚏！

擦擦

吸溜 擦擦

到底这些尘土都是从哪进来的？

不行了！

我受不了了！

气得发抖

不是没办法么？

怎么没有？离开这里就行！

一开始就不该来这里！

你们赶快决定走不走！

您说什么呢？

看外面！什么都看不见！

现在连外出都不行呀……

现在路上一辆车都没有，只要按 GPS 指示开就行！

那有何难！

什么？

我们就这么走了是不是有点草率？

我已经忍了三天了！

不能再这么被困下去！

咚咚咚

可是……

不想一直待在这儿的话，戴上这个跟我走！

咔嗒

吱扭

浓雾

站定

唉，坏了！

你看，我就说情况比想象中的要严重吧？

我不是说这个……

我忘了车停哪里了！

什么？

擦擦

车都找不着还想走？

擦

少安毋躁！马上就能找到！

找到了!

这辆，我确定!

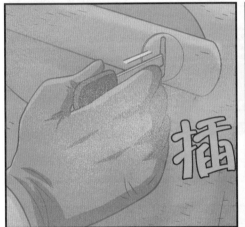

插

嗯?

咔嚓

哔

哔

哔

哔

?!

我就说在屋里待着嘛!

现在只有这个办法了!

什么办法?

攥拳

这个嘛,就是……

支支吾吾

急死人了!到底说不说?

发飙

还记得我还有个身份是发明家么?

其实,我正在发明一个东西……

就是能吸收城市悬浮颗粒的机器，叫作空气帐篷制造机。

空气帐篷制造机？

吸收　吸收

就是在城市里做个巨大的帐篷，使空气中的污染物质可以附着在帐篷顶上。这样，里面的空气就变干净了。

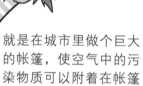

……

虽然现在机器还没完成，但理论上成功率为99%！

哈哈，你们也觉得不现实吧？所有人都在嘲讽我，可是……

挠头

所以我本不愿意说来着……

泄气

太帅了！

嗯？

历史上的空气污染大事件

伦敦雾霾事件和洛杉矶光化学烟雾事件导致数千人死亡，是最具代表的空气污染灾难。除此之外，历史上还有许多给人类造成重大灾难的空气污染事件。

马斯河谷烟雾事件

比利时马斯河谷烟雾事件发生在 1930 年，是 20 世纪最早记录下的大型空气污染事件。当时马斯河谷上有许多重型工厂分布，包括炼焦、炼钢、玻璃、炼锌、硫酸等工厂。1930 年 12 月，比利时全国被大雾笼罩。马斯河谷由于地形特殊，空气不流通，化石燃料产生的大量煤烟和有害气体混入浓雾之中，引发此地区多数居民身体出现剧烈的疼痛，数天内有 60 余人死亡。

多诺拉烟雾事件

多诺拉是位于美国宾夕法尼亚州的一个小镇，沿着莫农加希拉河河边曾建有多处炼铁厂。1948 年 10 月 27 日，笼罩小镇的浓雾与排放的煤烟和废气等混合，形成一片灰暗的烟雾，即便在白天也完全看不到前方。这次事件导致数十人因心肺疾病死亡，数千人人入院接受治疗。

©Donora Smog Museum

被黑烟笼罩的多诺拉工业区小镇

据说，多诺拉事件后又举办了万圣节游行，使情况变得更糟。

波萨里卡事件

1959 年 11 月，位于墨西哥东部波萨里卡盆地的工业园区被浓雾笼罩，偏逢天然气工厂因疏忽造成大量硫化氢气体外泄。这些气体因浓雾无法飘散，持续停滞于该地。硫化氢会损害人体的中枢神经系统，事故发生后，当地居民出现了咳嗽、呼吸困难、呼吸道黏膜感染等症状，300 多人入院，其中 22 人死亡。

©Simone.lippi

博帕尔事件

1984 年 12 月 3 日凌晨，印度博帕尔市的美国联合碳化物公司下属的印度分公司的一间农药厂发生氰化物泄漏，导致了严重的后果。此次事故造成 2 万多人直接死亡，55 万人间接死亡，20 多万人永久残疾。

悼念博帕尔事件受害者的纪念馆

墨西哥城的大气污染

1987 年，墨西哥城出现了数千只鸟集体坠亡的现象。调查结果显示，这些鸟的肺、肝脏中含有铅、镉、汞等重金属物质，这些物质来源于墨西哥城的工厂和汽车排放的废气。此后墨西哥政府开始管制汽车和工业废气的排放，并开展环保运动，有效地控制了大气污染。

第9章
空气帐篷
制造机

给，这是空气帐篷制造机的设计图！

哇！

怎么了？是不是令人叹为观止？

……

这……这是什么呀?

完全不知道画的是什么……

这也叫"发明"?

当然了!我只是不擅长作图而已。

但设计图完整地刻在我脑子里。

暂且相信你!

那需要我们做什么?

啊!你们……

先把所有能找到的铁板找来！还有工具箱、电线、螺丝，能找到的全拿来！

哎哟，连酒店主人都不在了，去哪儿找这些东西？

咦？

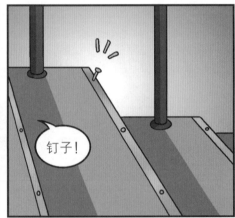

钉子！

也许这个也行！

呃！怎么这么难拔！

141

咯吱

咯吱

嗒

天哪!

哇!简直就是宝物仓库!

那里有铁板!

噢耶!

我的天，你们从哪儿找的？

材料都找到了，开始做吧？

这有何难？

量

阿嚏

擦

吸溜

折

叔叔，您对灰尘过敏，怎么就成了灰尘专家了呢？

这个嘛……你们听说过多诺拉吗？

那是我美国的故乡。

第一次听说。

是小镇的名字吗？

是的，是汇聚了钢铁、锌、硫酸等工厂的小镇。我的爷爷奶奶曾在那里工作。

在 1948 年 10 月，发生了可怕的灾难！工厂排放的有害气体和废烟形成了毒烟雾，导致 20 多人死亡。

啊……和现在的情况差不多吧？

嗯。当时我的祖父母有了过敏反应并患上了哮喘，而我爸和我也未能幸免。

在治疗慢性哮喘的时候，我就下定决心要当医生，救助病人。

所以，您才发明了改善污染的机器？

是的！

啊……

你两还得做件事儿。

什么?

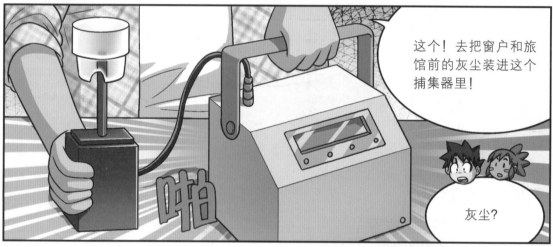

这个!去把窗户和旅馆前的灰尘装进这个捕集器里!

啪

灰尘?

真是什么怪差事都让咱们做!收集灰尘做什么?

唰唰

嚓嚓

叔叔，我们回来了。

来得正好！我正好完成了！

这就是制造空气帐篷的机器？

先把捕集器给我……

哦，给！

这还只是半成品，要到现场组装。

哇，是浣熊样子的！好可爱！

组装好的成品不便携带，还有可能会发生短路或其他故障。

这个东西真能吹出帐篷？

从鼻子里吹出来？

我会把两台机器放在相距 200 米的地方，每台都会产生巨大的化学泡泡飘向空中，当两个泡泡结合后，就会形成巨大的帐篷。

呼~

不明白！

亲眼看到的话应该就明白了吧！

反正最重要的是治理污染！

终于要摆脱悬浮颗粒物了！

想什么呢！即使用了这个，悬浮颗粒物也不会马上消失。

什么？为什么？

不是说空气帐篷可以吸附悬浮颗粒物吗？

没错，但只是临时应急，如果持续制造污染，悬浮颗粒物会不断积累。

什么？

那发明这个机器有什么用？

可以暂时缓解空气污染。

目前患者去不了医院，警察也因能见度太低而不知所措。

看来比起发明机器，最应该先减少污染源！

如果汽车尾气和工厂废气是主要原因的话，安装一些过滤设备不就行了？

使用公共交通工具

减少使用油漆和喷雾

节约能源

不浪费生活用品

不随便焚烧塑料、塑料袋

没错。想要彻底解决空气污染，必须减少使用化石燃料或者使用其他替代燃料，制定更为严谨的环境保护法。

就个人而言，应在生活中节约能源，多使用公共交通工具可以减少大气污染。

但目前别无他法，只能先用这个了！

是呀，情况紧急……

嗯……现在也只能如此了。

嗯，跟我想的一样。

什么？

经过分析，你们采集的灰尘中混杂着镉、汞、铜等重金属。

重金属？都从哪里来的？

重金属的高产区就是……

指

这里！

！！

如何减少空气污染?

什么是空气污染?

根据世界卫生组织 (WHO) 的定义, 空气污染是指空气中人为制造的污染物质对人类及动植物等生态环境造成的危害。污染源主要来自汽车尾气、工厂废烟、塑胶焚烧时释放的有毒气体等。空气污染会破坏臭氧层, 产生的温室气体将导致全球变暖等环境问题。与水污染和垃圾问题不同, 空气污染大多肉眼看不见, 因此很难让人注意。世界卫生组织的报告显示, 空气污染在 2012 年一年内导致全世界超过 700 万人死亡, 是急需解决的问题。

空气污染的应对方法

为了降低工厂、垃圾焚烧场、发电站等造成的空气污染, 必须减少燃料中的有毒成分或通过过滤装置过滤污染物质。还可以改用污染物质含量较低的燃料。

减少污染物的排出, 最重要的是要从根源控制。如推行公共交通, 扩建自行车道来减少车辆运行; 对于硫氧化物、氮氧化物以及镉、钠等有害物质超标的工厂, 要加强相关法律法规对其的约束力。

©Gyuszko-Photo

弗莱堡不仅设置了太阳能设备, 还积极利用风力和水力能源, 环保政策领先全球。

德国绿色城市弗莱堡 弗莱堡有众多太阳能发电设备, 在一般家庭也可以看到太阳能设备。

减少空气污染，人人有责

·少开车，多骑自行车或使用公共交通工具

　　自驾车越多，汽车尾气排放量越大，因此最好多乘坐公交、地铁或骑自行车出行。

·节约使用生活用品，减少生活垃圾的排放

　　日常生活用品在制造的过程中会污染空气，废弃的物品在销毁的过程中会产生硫氧化物、氮氧化物、一氧化碳等空气污染物。因此不要过度购买、浪费日用品。

·正确使用电子产品

　　节约用电也可以有效地降低大气污染。冰箱门不要频繁开关；夏天空调温度不要开太低，并与风扇一起使用会更有效果。

·维持适当的室内温度

　　冬天时的暖气设备会消耗许多能源。在冬季，比起提升室内温度，最好还是多穿几件衣服以保持体温，房屋最好安装双层窗户。

·养成正确的驾驶习惯

　　要出发时再启动汽车电源，尽量不要让引擎空转；驾驶中不要超速；定期车检，保养——这些都可以减少汽车尾气的排放。

第10章
成功还是失败

呃，我连自己手指头都看不清！

哒哒哒哒

越接近工厂，雾霾越严重！

这说明离污染源越来越近了！

这里右转。

嗒

嗒

嗒

啊……就像电影中地球灭亡的场景一样……

安 静~

所以近来才有了新词 * "空气末日"，由空气（air）和末日（apocalypse）合成的词，形容空气污染程度极为严重。

末日？到底有多严重……

* 空气末日：airpocalypse

唔……

咚咚

站住

急停

好像到了！

来，开始组装！

点头

点头

我去那边，你俩在这里启动机器！

我俩？

比想象的简单。只要把头和身子连起来就行了。

然后呢？

尾巴是操纵杆，按下去会翘起来，然后机器就启动了。

10分钟后准时启动！现在开始计时！

定好了！

嘟嘟

嘟嘟

好！开始倒计时！

嘀！

失败的话，辛苦制作的化学溶液会全部用掉，很难再找到，所以千万不能有差错。知道吗？

点头

嗯！放心交给我俩！

转身

呃，为什么这么不安？

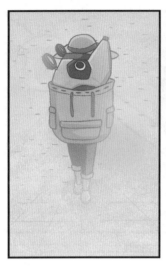

能行吗？万一失败怎么办？

皮皮，你不相信我？我可是探险王！

别担心，开始组装吧！

智伍，你真棒！

哪面是上？

手忙脚乱

……

奇怪，应该没错呀！

是，是这样吧？

好了！

启动时间到了！

现在先拔下操纵杆上的安全别针……

坏了，忘了告诉他们这个！

设计图上有，他们应该知道吧？

都弄好了！只要按下操纵杆就行了！

快准备！还剩30秒！

15 秒!

不管了!

摁

咔咔

怎，怎么回事？
尾巴按不下去!

什么？怎么回事？

不知道啊……
像是什么东西
卡住了!

咯嘟　咯嘟

161

咯
唧

行了!

啪

啊?!

噗
呜
呜
呜

?!

飘浮

咻

呜
呜
呜
呜

越来越大了！

咻
呜呜呜呜呜

已经遮住天空了！

空气也干净了好多的感觉！

咱们好像成功了！

孩子们，我们成功了！

叔叔！

哇，这个真是太神奇了！

现在能摘口罩了？

呼，真舒服！

啊！我要等一会再摘……

等一下，什么味道？

嗅

皮皮，你又放屁了？

有吗？

不是我……

呃，就像憋了很久之后一次爆发出来的屁！

屁味儿？啊，没错！

是空气帐篷释放的。所用化学物质中有一种必需物质，味道和氨气很像。

所以我设计成从浣熊屁股里出来。怎么样，我的幽默感？

一点都不好笑！因为屁臭而出名的是臭鼬，不是浣熊！

虽然空气变干净了，但这个气味根本让人无法呼吸！

有这么臭吗？

轰

流鼻涕

呃啊！

《空气污染求生记》完结。敬请关注《地底世界历险记》。